U0084899

QUICK
011

懶人焗烤

好做又好吃的異國烤箱料理

夢幻料理長
Ellson 著

Contents

最受歡迎焗烤篇

最好吃焗烤篇

焗烤不失敗5大重點

簡單的焗烤料理若是選錯材料、用錯方法，還是會有失敗的風險，值得慶幸的是，焗烤料理的製作方法大多相似，只要掌握重點，就能輕輕鬆鬆做出吸引人的完美焗烤料理！

重點1 焗烤料理的材料

焗烤料理通常是由一個主材料搭配其他配料與調味料，最後覆上一層起司送入烤箱焗烤，除了起司之外，頂層所覆蓋的材料也可以使用慕司、蛋白或酥皮，變化不同的材料，掌握好焗烤的時間，就可以輕易創造出不同的風味。香料的搭配也可以賦予焗烤料理更深一層的味道變化，利用不同的香料，即使相同的材料也能呈現出完全不同的美味與風情。

重點2 起司的選購

一般我們在頂好超市就能看到很多種類的起司，而焗烤時最常用的是披薩用的起司，在焗烤過後最能做出金黃香濃的色澤與口感，這類屬於含水量低的起司，例如容易購買到的綜合起司絲與巧達起司絲。另外，進口的馬札瑞拉起司中，質地較乾的也適合用來製作焗烤料理，但水分含量高的，像是水牛城馬札瑞拉起司，以及新鮮的馬札瑞拉起司，則比較適合用來製作沙拉或冷盤等生食料理。若是使用起司片，則不適合烤太長的時間，應該烤至變軟即可，否則會產生不好的味道。

重點3 食材的處理

食材除了要新鮮並含有充足的水分之外，要注意在遇到需要先煮過或煎過、烤過的食材時，避免食材在前處理時完全熟透，因為最後還要入烤箱經過焗烤的烹調過程，若材料已煮至全熟，再次焗烤加熱出來後，會因過分加熱而縮水，口感就會變得乾澀，完全喪失鮮嫩多汁的口感，甚至會因為出水而導致醬汁的味道變淡，就算使用再好、再新鮮的食材，吃起來也不可能多好了。

重點4 烤箱溫度的重要性

除了烤箱溫度要控制之外，同時要切記將烤箱溫度預熱到書中指定的溫度，如此做的目的，是為了防止食物因在溫度不足的情況下烘烤時，過度流失水分而喪失美味與口感。除了要確實做好預熱動作之外，因為烤箱的不同，在溫度的控制上也會有所差異，最好要先了解並熟悉你家的烤箱，這樣才能提供最適當的溫度，做出焗烤料理的特色。

重點5 烤盤的前處理

一道好的焗烤料理，除了美味之外，美觀也是成功與否的一大重點，為了讓辛苦堆疊好的材料不會在焗烤時塌落，烤盤就必須經過一番防止沾黏的處理，才不會在最後取出時功虧一簣，以下抹油、鋪鋁箔紙及鋪烤盤紙都要注意：

烤盤先抹上一層薄薄的油，是最方便又簡單的防沾黏處理法，可使用沙拉油或奶油，但不要抹太多以免影響料理。

烤盤先鋪上鋁箔紙也具有防止沾黏的作用，且最大的好處是可以維持烤盤的清潔，使清洗烤盤時更加輕鬆。

烤盤紙一般是烘焙時所使用的防沾黏用品，防黏效果比鋁箔紙好，適合使用在製作甜點或是醬汁較少的焗烤料理，可在烘焙材料行購買。

在製作焗烤料理時，只要能注意以上這5項重點，必定能幫助你成功的做出兼具美味與外觀的絕佳美食。

吃不完的焗烤怎麼辦？

焗烤料理的美味會隨著溫度的下降而喪失，加上焗烤過後起司的性質會改變，除非萬不得已，最好是趁熱享受完畢不要留下來，但如果非剩下不可，建議一定要把起司的部分吃掉，當再次加熱的時候，再重新加上新鮮的起司，才能最接近原本的美味。

吃不完的焗烤料理，處理起來其實也沒有想像中的複雜，訣竅在於適當的加熱，熱度不夠香味出不來，加熱過久則口感會變差，越來越難以下嚥，以下三種加熱方式，你可以試試看。

烤箱加熱

烤箱先預熱至160℃，將沒吃完的焗烤料理表面灑上少許水，並蓋上鋁箔紙，視份量多寡烘烤5～6分鐘。利用烤箱重新加熱，是最接近原本的味道與風貌的加熱方式，但需注意烤箱加熱最容易使食物失水變乾。

微波爐加熱

將沒吃完的焗烤料理表面灑上少許水，並封上保鮮膜，視份量多寡以強火力微波2～3分鐘。利用微波爐重新加熱，是最快速方便的加熱方式，不過還是會使口感會變得較軟一些，但若沒有封上保鮮膜會使料理脫水變硬。

蒸籠加熱

先將蒸籠加水並大火煮至沸騰，再將沒吃完的焗烤料理放入，以中火蒸5～6分鐘。利用蒸籠重新加熱，是最簡單的加熱方式，但因為蒸的時候水氣較多，所以加熱後與原本的料理差異較大，較不適合加熱起士份量多的菜色。

雖然有以上3種方法可以重新加熱焗烤料理，與其花時間加熱走調的美味，不如一次做少一點，可以多享受幾次剛出爐最好吃的那一刻！

材料哪裡買？

設有起司專櫃的超市／量販店／百貨公司

頂好惠康超市

店名	地址
忠孝店	台北市忠孝東路四段71號B1
天母店	台北市天母西路3號2F

大潤發量販

店名	地址
內湖2店／	台北市舊宗路一段128號
遠企購物中心	台北市敦化南路二段203號B2
微風廣場	台北市復興南路一段39號B3
SOGO百貨	台北市敦化南路一段246號B1
高雄大立伊勢丹百貨	高雄市前金區五福三路59號B1

各式義式材料專賣商家資料

富華Mr. Cheese

店名	電話	地址
新光三越信義二館專櫃	02-87806506	台北市松高路12號B1
遠企購物中心專櫃	02-23785211	台北市敦化南路二段203號B2
高雄大立伊勢丹專櫃	07-2154371	高雄市前金區五福三路59號B1

喜事達

店名	電話	地址
誠品敦南店專櫃	02-27755977#616	台北市敦化南路二段245號GF
衣蝶一館專櫃	02-25235727	台北市南京西路14號B1
麗緻坊		
亞都飯店專櫃	02-25971234（外賣櫃）	台北市忠誠路二段170號1F

圖拉德

店名	電話	地址
誠品忠誠店專櫃	02-28730966#002	台北市忠誠路二段188號B1
珍饈坊	02-26589568	台北市內湖環山路二段133號1F
新新食品行	02-28732444	台北市中山北路六段756號1F
華瑞行(G & G)	02-28739915	台北市中山北路六段435號
法樂琪	02-28765388	台北市忠誠路二段178巷15號1F
益和商店	02-28714828	台北市中山北路七段39號
喜恩	02-28764245	台北市天母西路 48 號
海森坊	02-27126470	台北市興安街 214 號

義式材料購物網站

統一有機：www.organicshop.com.tw

禾廣有限公司：www.modernfoods.com.tw/modernfoods/index.php3

台灣馥恩股份有限公司：www.cffoods.com.tw/index.asp

材料介紹

想要做出美味的焗烤料理，必須能掌握各種現成起司的種類與型態，主食類的材料是利用焗烤簡單打發一餐時的最加選擇，若是能進一步了解各種海鮮、肉類、蔬菜、水果等材料中哪些適合焗烤，更是能輕易進入焗烤的創意世界，隨性搭配出自己喜愛的口味。

主食Principal food

墨西哥餅　披薩專用餅　春捲皮

筆管麵　捲心麵　天使髮麵

義大利餃　法國麵包　菠菜披薩專用餅

海鮮Seafood

鯛魚　龍蝦　鮭魚

大閘蟹　扇貝　蝦子

花枝　孔雀貝

材料介紹

肉類Meat

培根肉

羊排

雞胸肉

雞腿肉

牛絞肉

雞翅膀

奶製品Milk

起司絲

動物性鮮奶油

巧達起司

白起司

奶油

調味品Spice & Sauce

九層塔

奧勒岡

百里香

青醬

蕃茄醬汁

味噌

其他Other

黑橄欖

起酥皮

多力多滋三角餅

栗子

水蜜桃罐頭

材料介紹

蔬菜Vegetable

鴻喜菇　南瓜　三色彩椒

茄子　秋葵　蘆筍

蘿蔓生菜　紅捲鬚　馬鈴薯

山藥　地瓜　花椰菜
洋蔥　牛蕃茄　紅蘿蔔
菠菜

最簡單焗烤篇

只要依個人喜好準備好材料，
撒上些起司絲，
送入烤箱，不一會兒，
味香濃的焗烤料理輕鬆完成，
你說簡單不簡單？

焗美式三角餅

Cookies

〈材料〉→多力多茲1包、起司絲60g.、牛蕃茄1顆、培根碎少許、巴西里少許、新鮮奧勒岡1支

〈做法〉

1 烤箱先預熱至200℃，牛蕃茄去皮及籽後切碎。

2 多力多茲放入烤盤中，撒上起司絲、牛蕃茄、培根碎，放入烤箱烤至起司軟化及稍微呈金黃色時取出。

3 以巴西里和新鮮奧勒岡裝飾即成。

焗起司薄餅

Totela Cheese Crape

〈材料〉→墨西哥餅皮2張、起司絲100g.、蒜苗1支、熟雞肉絲30g.、牛蕃茄1顆、巴西里碎少許、九層塔少許、韓式辣椒粉少許、乾燥奧勒岡少許

〈做法〉

1 蒜苗、九層塔切絲，牛蕃茄去皮及籽後切絲，備用。

2 取1張墨西哥餅皮攤平，均勻鋪上蒜苗絲、牛蕃茄絲、九層塔絲、起司絲、雞肉絲，再撒上韓式辣椒粉和乾燥奧勒岡，最後覆蓋上另一片墨西哥餅皮。

3 將夾好的餅皮放在抹油烤盤中，放入預熱至180℃的烤箱中烤3分鐘，取出翻面再烤2分鐘後取出。

4 將烤好的餅切成三角形放入盤中，再以九層塔絲和巴西里裝飾即成。

香焗南瓜塔
Pumpkin Tart

〈材料〉→南瓜1個、培根片2片、牛蕃茄1顆、馬鈴薯泥50g.、起司絲少許、起司粉少許、巴西里少許、奧勒岡3支

〈做法〉

1 將材料洗淨，南瓜去皮切小片狀；培根片切絲；牛蕃茄去皮及籽後切絲，備用。

2 準備一個烤盤，先放適量南瓜鋪底，再依序撒上培根絲及起司絲，接著放上剩下的南瓜與馬鈴薯泥，最後撒上起司絲，放入預熱170℃的烤箱中烤10 分鐘，至起司略烤出金黃色時取出。

3 將烤好的南瓜塔移入盤中，以牛蕃茄絲、奧勒岡和起司粉裝飾即成。

焗南瓜泥
Pumpkin Pruee

〈材料〉→南瓜200g.、黑橄欖2顆、小蕃茄2顆、起司絲適量

〈調味〉→鮮奶油30c.c.、鹽少許、胡椒粉少許

〈做法〉

1. 將小蕃茄、南瓜洗淨，南瓜去皮及籽後切小塊狀，以大火蒸8分鐘，再用濾網壓磨過篩成泥，備用。
2. 熱鍋依序放入南瓜泥與鮮奶油，以小火煮勻後加入鹽和胡椒粉調味。
3. 續將南瓜泥放入容器中，撒上起司絲，放入預熱200℃的烤箱中，烤至起司略呈金黃色時取出。
4. 最後以黑橄欖、洗淨的小蕃茄裝飾即成。

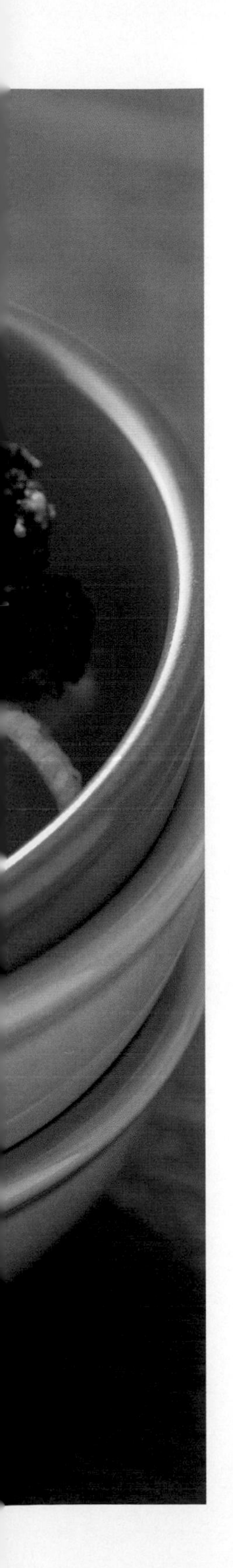

香焗花椰菜
Gratined Broccoli

〈材料〉→花椰菜150g.、白花椰菜150g.、牛蕃茄1顆、洋蔥碎15g.、百里香少許、巴西里少許、起司絲50g.、起司粉少許

〈調味〉→鮮奶油50c.c.、鹽少許、胡椒粉少許

〈做法〉

1 將材料洗淨；花椰菜及白花椰菜切小朵後以滾水汆燙至熟，撈出泡冰水，待涼瀝乾水分；牛蕃茄切成船形，備用。

2 熱鍋倒入適量油燒熱，加入洋蔥碎以小火略炒，再加入鮮奶油煮勻，以鹽和胡椒粉調味，續煮至稍濃稠狀。

3 依序將做法2及做法1放入烤皿中，再撒上起司絲，放入預熱200℃的烤箱中烤5分鐘，烤至起司呈金黃色時取出，撒上起司粉和巴西里即成。

廚房小筆記：
花椰菜在汆燙時必須等水滾了再放入，才能保持翠綠的顏色，不會變黑或變黃，也可以在水中加少許的鹽，顏色會更加鮮綠可口。

焗甜椒海鮮盅
Gartined Seafood Pepper Cap

〈材料〉→甜椒1顆、草蝦2隻、蛤蜊5粒、花枝片50g.、魚片50g.、洋蔥1顆、起司絲少許、蒜泥少許、巴西里少許、百里香少許、香葉1片

〈調味〉→白酒少許、鮮奶油100c.c.、鹽少許、胡椒粉少許

〈做法〉

1 將材料洗淨，甜椒切除頂端並去籽，洋蔥去皮切丁，備用。

2 熱鍋倒入適量油燒熱，加入洋蔥、蒜泥以小火略炒，再加入海鮮材料炒香，接著加入白酒、百里香、香葉和鮮奶油煮至稍濃稠，最後以鹽和胡椒粉調味。

3 將煮好的材料放入甜椒盅中，撒上起司絲，放入預熱200℃的烤箱中，烤至起司呈金黃色時取出，撒上巴西里即成。

廚房小筆記：
焗烤類的菜色經常會使用多種香料作為調味，香料種類繁多且通常各有特殊的味道，如果隨意添加很容易使味道變得不搭調，反而破壞新鮮食材的美味。對於香料性質不熟悉的新手，可以多選擇萬用的巴西里與百里香，才不會發生味道不合的困擾。

香焗蟹堡
Gartined Crab

〈材料〉→大閘蟹1隻、西洋芹碎15g.、起司絲少許、奧勒岡1支、蒜泥少許、起司粉少許、匈牙利紅甜椒粉少許

〈調味〉→白酒少許、鮮奶油25c.c.、鹽少許、胡椒粉少許

〈做法〉

1 將大閘蟹洗淨並瀝乾水分，淋上白酒後蒸熟，取下背殼，留下1隻蟹腳，並挖出所有的蟹肉和蟹黃。
2 將蟹肉和蟹黃與蒜泥、西洋芹碎一起拌勻，加入鮮奶油調勻，再以鹽和胡椒粉調味。
3 將拌好的蟹肉重新放回蟹的背殼中，撒上起司絲，放入預熱220℃的烤箱烤5分鐘，等起司呈金黃色時取出。
4 將烤好的蟹放入盤中，撒上匈牙利紅甜椒粉和起司粉，最後以奧勒岡裝飾即成。

起司焗牛肉漢堡

Beef Barger

〈材料〉→A厚片吐司1片、綜合生菜50g.、起司片1片、百里香少許、巴西里少許

B牛絞肉100g.、洋蔥碎20g.、紅蘿蔔碎20g.、西洋芹碎20g.、蒜泥少許

〈調味〉→奶油15g.、鹽少許、胡椒粉少許、蕃茄美乃滋少許、黃芥末少許

〈做法〉

1 將材料洗淨，綜合生菜浸泡冰水後瀝乾水分，厚片土司抹上少許奶油烤至呈金黃色，備用。

2 將材料B與奶油、鹽、胡椒粉一起混合均勻，拌打出筋度後，再整形成漢堡肉餅狀。

3 熱鍋倒入適量油燒熱，放入牛肉漢堡以中大火煎至呈金黃色時盛出，疊上起司片後，再放入預熱160℃的烤箱中烤5分鐘，備用。

4 盤中依序放入綜合生菜、烤好的厚片吐司及牛肉漢堡，再將黃芥末、蕃茄美乃滋淋上，最後撒上巴西里即成。

焗西班牙馬鈴薯餅
Potato Cake

〈材料〉→馬鈴薯2顆、蛋2顆切片、培根2片、洋蔥絲少許、黑橄欖2顆、起司絲100g.、普羅旺斯香料少許、巴西里碎少許

〈調味〉→鹽少許、胡椒粉少許

〈做法〉

1 將材料洗淨，馬鈴薯去皮切片，黑橄欖切片，培根片切絲，備用。

2 熱鍋倒入適量油燒熱，先放入洋蔥和培根略炒，再放入普羅旺斯香料，炒香後加入馬鈴薯片、黑橄欖片、打散的蛋液，並撒入鹽和胡椒粉調味，稍攪拌至呈半凝結狀。

3 將做法**2**盛入烤皿中，撒上起司絲，擺上黑橄欖片，放入預熱200℃的烤箱，烤至表面呈金黃色時取出。

4 可撒巴西里碎裝飾，再切成三角形或方形即成。

焗烤香料蔬菜餅
Vegetable Cake

〈材料〉→紅蘿蔔60g.、牛蕃茄1顆、洋蔥30g.、西洋芹60g.、黃甜椒1顆、野菇30g.、蛋1顆、起司絲100g.、黑芝麻少許

〈調味〉→麵粉60g.、鹽少許、胡椒粉少許、橄欖油10c.c.

〈做法〉

1 將材料洗淨，將紅蘿蔔去皮切絲，牛蕃茄去皮及籽後切絲，西洋芹撕除老筋後切絲，洋蔥去皮切絲，黃甜椒去籽切絲，野菇切絲，備用。
2 將蔬菜材料全放入一大碗中，加入1顆蛋攪勻，再拌入麵粉、黑芝麻，最後以鹽和胡椒粉調味，備用。
3 熱鍋倒入適量油燒熱，將做法2蔬菜麵糊倒入鍋中並鋪平，雙面煎至呈金黃色。
4 上面撒起司絲放入200℃的烤箱，烤上色即成。

海鮮奶焗燉飯
Rice of Seafood with Creamy Sauce

〈材料〉→白飯100g.、草蝦2隻、蛤蜊5粒、花枝片50g.、魚片50g.、洋蔥1顆、三色豆少許、蒜頭1粒、起司絲少許、巴西里少許、起司粉少許

〈調味〉→鮮奶油100c.c.、魚高湯50c.c.、鹽少許、胡椒粉少許

〈做法〉

1 將材料洗淨，洋蔥去皮切碎，蒜頭去皮切片。

2 熱鍋倒入適量油燒熱，加入洋蔥、蒜頭炒至香，再加入海鮮材料及三色豆炒勻，接著加入鮮奶油、魚高湯和白飯，煮至稍濃稠狀，最後加入鹽和胡椒粉調味。

3 將炒好的海鮮飯盛入焗碗中，撒上起司絲，放入預熱220℃的烤箱中，烤至起司呈金黃色時取出，撒上巴西里和起司粉即成。

廚房小筆記：

海鮮屬於容易熟的材料，因為還要經過焗烤的過程，所以炒的時候不必炒熟，只要炒至變色即可，如此烤出來的熟度才會恰到好處，不失軟嫩的口感。

焗奶培管麵
Penne of Bacon with Creamy Sauce

〈材料〉→筆管麵60g.、洋蔥絲20g.、培根片2片、蛋黃1顆、蒜泥5g.、百里香少許、香葉1片、巴西里少許、起司粉少許

〈調味〉→白酒少許、鮮奶油150c.c.、雞高湯50c.c.、鹽少許、胡椒粉少許

〈做法〉

1. 筆管麵先以滾水燙煮9分鐘，撈出瀝乾水分後放入焗碗中放冷；培根片切絲，備用。
2. 熱鍋倒入適量油燒熱，加入洋蔥、蒜泥略炒，再加入培根絲炒香，加入白酒煮至收乾，再加入百里香、鮮奶油、香葉，稍微拌炒後，以鹽和胡椒粉調味，續煮至醬汁濃稠後淋在筆管麵上。
3. 續將起司絲鋪於焗碗上，放入預熱220℃的烤箱中，烤至起司呈金黃色時取出，撒上巴西里和起司粉即成。

茄汁焗烤蝦仁捲捲麵
Fussnni of Shrimps with Tomato Sauce

〈材料〉→捲捲麵60g.、洋蔥絲20g.、蒜泥5g.、草蝦6隻、豆苗少許、百里香少許、香葉1片、巴西里少許、起司粉少許、九層少許

〈調味〉→白酒少許、罐頭蕃茄醬汁150c.c.、雞高湯50c.c.、鹽少許、胡椒粉少許

〈做法〉

1 將材料洗淨，捲捲麵先以滾水燙煮8分鐘，撈出瀝乾水分後放入焗碗中放冷，備用。
2 熱鍋倒入適量油燒熱，加入洋蔥、蒜泥略炒，再加入蝦仁炒香，淋入白酒煮至收乾，再加入百里香、香葉、蕃茄醬汁及豆苗，稍微拌炒後，以鹽和胡椒粉調味，續煮至醬汁濃稠後，加入九層塔稍拌炒，盛入捲捲麵焗碗中。
3 將起司絲鋪於焗碗上，放入預熱220℃的烤箱中，烤至起司呈金黃色時取出，撒上巴西里、起司粉裝飾即成。

PS. 罐頭蕃茄醬汁在一般超市可以買到，以康寶品牌為大宗。

焗蝦仁飯
Rice of Shrimps with Tomato & Creamy Sauce

〈材料〉→白飯100g.、草蝦仁5隻、三色彩椒丁少許、洋蔥碎1顆、蒜片1粒、起司絲少許、巴西里少許、起司粉少許

〈調味〉→鮮奶油50c.c.、魚高湯50c.c.、罐頭蕃茄醬汁100c.c.、鹽少許、胡椒粉少許

〈做法〉

1 草蝦仁洗淨，備用。

2 熱鍋倒入適量油燒熱，加入洋蔥碎及蒜片炒香，再加入蝦仁、三色彩椒丁略炒，續倒入鮮奶油、蕃茄醬汁及魚高湯，拌勻後加入白飯煮至稍濃稠狀，以鹽和胡椒粉調味。

3 將做法2盛入焗碗中，撒上起司絲，放入預熱220℃的烤箱中，烤至起司呈金黃色時取出，撒上巴西里和起司粉即成。

廚房小筆記：

製作時，要注意液體材料下鍋的先後次序，順序應為先加入鮮奶油，其次是蕃茄醬汁，最後才是魚高湯，這樣做出來醬汁的質地才會細緻，如果順序顛倒則會產生顆粒。

翡翠披薩 Green Pizza

〈材料〉→高筋麵粉500g.、菠菜葉200g.、發粉12g.、蛋黃1顆、奧勒岡少許、九層塔少許、起司絲少許、起司粉少許、巴西里少許

〈調味〉→橄欖油100c.c.、罐頭蕃茄醬汁少許、鹽少許、胡椒粉少許

〈做法〉

1 將菠菜葉以滾水汆燙，撈出後略泡冰水至涼，再放入果汁機中，加入少許的水一起打成泥，再以最細的濾網過濾出菠菜汁，備用。

2 將高筋麵粉、發粉、蛋黃、橄欖油、鹽和菠菜汁、200c.c.水一起揉成麵糰，靜置待發酵至兩倍大，再將其空氣擠壓出來，分切成150g.的小麵糰，再擀成薄片，備用。

3 每片餅皮均抹上少許蕃茄醬汁，再撒上少許鹽、胡椒粉、九層塔絲、奧勒岡、起司絲，放入預熱300℃的烤箱中烤6分鐘，烤至起司呈金黃色且餅皮酥脆時取出。

4 將披薩分切成8等分，再撒上起司粉和巴西里即成。

鮮蝦香菇披薩
Pizza of Shrimps & Mushroom

〈材料〉→現成披薩皮1塊、蝦仁6隻、香菇2片、起司絲100g.、奧勒岡少許、九層塔少許、巴西里少許、起司粉少許

〈調味〉→罐頭蕃茄醬汁少許、鹽少許、胡椒粉少許

〈做法〉

1 將材料洗淨，香菇片以滾水氽燙後瀝乾，備用。

2 烤盤抹油，放上現成披薩皮，薄薄抹上一層蕃茄醬汁，均勻撒上鹽、胡椒粉、奧勒岡、九層塔絲、蝦仁及香菇片，再撒上起司絲。

3 將披薩放入預熱300℃的烤箱中烤6分鐘，烤至披薩呈金黃色時取出，撒上巴西里及起司粉即成。

焗雞蔬吐司披薩
Toast Pizza of Chicken with Tomato Sauce

〈材料〉→吐司1片、雞胸肉100g.、三色豆50g.、起司絲100g.、九層塔少許、起司粉少許、奧勒岡少許

〈調味〉→奶油少許、罐頭蕃茄醬汁少許、鹽少許、胡椒粉少許

〈做法〉

1 將材料洗淨，雞胸肉切片，九層塔切絲，備用。

2 吐司依序抹上少許奶油及蕃茄醬汁，再依序均勻撒上鹽、胡椒粉、九層塔絲、奧勒岡、雞胸肉、三色豆及起司絲，放入預熱300℃的烤箱中烤6分鐘，烤至起司呈金黃色時取出，撒上起司粉即成。

焗雞腿青豆披薩
Pizza of Chicken Leg & Green Bean with Tomato Sauce

〈材料〉→現成披薩皮1塊、雞腿1隻、青豆仁少許、起司絲少許、起司粉少許、九層塔少許、奧勒岡少許

〈調味〉→罐頭蕃茄醬汁少許、鹽少許、胡椒粉少許

〈做法〉

1 將材料洗淨，雞腿去骨切片，以170℃的熱油略炸過並瀝乾油分，九層塔切絲，備用。

2 披薩皮抹上一層蕃茄醬汁，再依序均勻撒上鹽、胡椒粉、九層塔絲、奧勒岡、雞腿肉片、青豆仁及起司絲，放入預熱300℃的烤箱中烤6分鐘，烤至起司呈金黃色時取出，撒上起司粉即成。

麵包布丁 Bread Pudding

〈材料〉→法式麵包 1條、牛奶200c.c.、蛋2顆、起司絲少許

〈調味〉→糖30g.、香草精少許

〈做法〉

1 將法式麵包切片，鋪於烤碗中，備用。

2 牛奶與蛋、糖和香草精一起拌匀，倒入法式麵包的烤碗中，撒上起司絲，放入加了水的烤盤中，放入預熱160℃的烤箱中烤20分鐘，烤至起司呈金黃色且熟透時取出即成。

栗子布丁 Chestunt Pudding

〈材料〉→水煮栗子罐頭1罐、牛奶200c.c.、蛋2顆、起司絲少許

〈調味〉→糖30g.、香草精少許

〈做法〉

1 將水煮栗子取出鋪於碗中，備用。

2 牛奶與蛋、糖和香草精一起拌勻後倒入栗子的烤碗中，撒上起司絲，放入加了水的烤盤中，再入預熱160℃的烤箱烤20分鐘，烤至起司呈金黃色且熟透時取出即成。

最受歡迎焗烤篇

不論是起司焗雞腿卷
或甜椒橄欖披薩、焗蝦仁筆管麵，
都是廣受大人小孩歡迎的焗烤料理，
只要用點心，從此吃焗烤料理
不用上餐館囉！

甜椒百匯 Mixed Pepper

〈材料〉→三色彩椒各1顆、雞絞肉50g.、香菇50g.、蘑菇50g.、牛蕃茄1顆、洋蔥碎1顆、蒜泥少許、起司絲100g.、九層塔絲少許、巴西里少許、百里香少許

〈調味〉→鮮奶油100c.c.、鹽少許、胡椒粉少許

〈做法〉

1 將材料洗淨，三色彩椒去蒂及籽；切成船形；香菇、蘑菇切片，牛蕃茄去皮及籽後切丁；九層塔切絲，備用。

2 熱鍋倒入適量油燒熱，加入洋蔥碎及蒜泥以中小火略炒，再加入香菇、蘑菇、百里香和雞絞肉，炒香後再加入牛蕃茄及鮮奶油，續煮至稍濃稠狀，以鹽和胡椒粉調味，再放入九層塔絲拌勻。

3 將做法2填入船形的三色彩椒中，上面覆蓋起司絲，放入180℃的烤箱中烤5分鐘，烤至起司呈金黃色時取出，撒上巴西里及1朵九層塔花作裝飾即成。

培根焗馬鈴薯
Baked of Bacon & Potato

〈材料〉→馬鈴薯2顆、培根片1片、蛋黃1顆、起司絲20g.、起司粉少許、巴西里少許

〈調味〉→鮮奶油20c.c.、鹽少許、胡椒粉少許

〈做法〉

1 將材料洗淨；馬鈴薯對切後以滾水煮熟，挖出馬鈴薯肉，外皮留下作為容器；培根切絲，備用。

2 將馬鈴薯肉壓成泥，加入鮮奶油、鹽、胡椒粉、蛋黃一起拌勻，填入馬鈴薯皮內，再鋪上起司絲及培根絲，放入200℃烤箱烤6分鐘，烤至起司呈金黃色時取出，撒上巴西里和起司粉即成。

香焗秋葵
Gartined Abelmosk

〈材料〉→秋葵5支、風乾蕃茄6顆、起司絲少許、洋蔥絲20g.、起司粉少許、蒔蘿少許

〈調味〉→鮮奶油50c.c.、鹽少許、胡椒粉少許

〈做法〉

1 將材料洗淨，秋葵去蒂後以滾水汆燙至熟，備用。
2 熱鍋倒入適量油燒熱，放入洋蔥絲炒香，再加入鮮奶油及風乾蕃茄略炒，以鹽和胡椒粉調味後，續煮至稍濃稠。
3 將做法2倒入平盤中，排入秋葵，鋪上起司絲，放入預熱200℃的烤箱中烤4分鐘，烤至起司呈金黃色時取出，以起司粉、蒔蘿裝飾即成。

香焗野菇堡
Gartined Mushroom Tart

〈材料〉→大朵鮮香菇3朵、綜合野菇200g.、彩椒丁少許、小豆苗少許、洋蔥碎20g.、蒜泥少許、起司絲少許、麵包粉20g.、起司粉少許

〈調味〉→鮮奶油50c.c.、鹽少許、胡椒粉少許、黃芥末少許

〈做法〉

1 將材料洗淨；大朵鮮香菇去蒂，以滾水略汆燙；綜合野菇切丁，備用。

2 熱鍋倒入適量油燒熱，加入洋蔥碎、蒜泥碎中火炒香，再加入綜合野菇、鮮奶油，煮至稍濃稠時加入麵包粉，拌勻後以鹽和胡椒粉調味，最後拌入彩椒丁。

3 將做法2入鮮香菇中，撒上起司絲，放入預熱200℃的烤箱中烤4分鐘，烤至起司呈金黃色時取出。

4 將烤好之香菇堡放入盤中，撒上起司粉，淋上黃芥茉，再以小豆苗裝飾即成。

起司焗蘆筍
Cheese & Asparagus

〈材料〉→起司片3片、蘆筍12支

〈調味〉→鹽少許、胡椒粉少許、市售蕃茄美乃滋少許

〈做法〉

1 蘆筍洗淨後以滾水汆燙至熟，備用。
2 將起司片攤平，放入蘆筍包捲起來，排入烤盤中，再撒上鹽和胡椒粉，放入預熱160℃的烤箱中烤4分鐘，烤至起司軟化時取出，淋上蕃茄美乃滋即成。

起司焗雞腿卷

Gratined Chicken Leg Roll

〈材料〉→雞腿1隻、起司片1片、起司絲少許、九層塔少許

〈調味〉→鹽少許、黑胡椒粉少許、市售蕃茄美乃滋少許

〈做法〉

1 將材料洗淨，雞腿去骨，九層塔切絲，備用。

2 將雞腿鋪平，撒上黑胡椒、鹽各少許，放入起司片和九層塔絲包捲起來，煎至表面呈金黃色，盛入烤盤中，撒上起司絲，放入預熱180℃的烤箱中烤12分鐘，烤至起司呈金黃色且熟時取出。

3 將烤好的雞腿分切成3塊排入盤中，淋上蕃茄美乃滋，再以九層塔裝飾即成。

焗薄餅蔬菜卷

Creap & Vegetable Roll

〈材料〉→中筋麵粉100g.、三色彩椒80g.、紅蘿蔔絲少許、西洋芹絲少許、九層塔少許、蛋1顆、起司絲少許

〈調味〉→沙拉油20c.c.、水30c.c.、鹽少許、胡椒粉少許

〈做法〉

1 將材料洗淨，三色彩椒去蒂及籽後切絲，九層塔切絲，備用。

2 將麵粉、蛋、沙拉油、鹽、胡椒粉和水一起拌勻，煎成薄餅，備用。

3 將煎好的薄餅，依序鋪上三色彩椒絲、西洋芹絲、起司絲、九層塔絲、紅蘿蔔絲，再撒上鹽和胡椒粉捲成圓形，最後再撒上起司絲，放入預熱180℃的烤箱中烤5分鐘後取出，切段後排入盤中，撒上巴西里即成。

焗彩椒雞胸肉卷
Pepper of Chicken Breast

〈材料〉→雞胸肉1副、三色彩椒100g.、洋蔥絲30g.、九層塔少許、起司絲少許、巴西里少許

〈調味〉→鹽少許、胡椒粉少許

〈做法〉

1 將材料洗淨，雞胸肉切薄片，三色彩椒去蒂及籽後切絲，九層塔切絲，備用。

2 將雞胸肉片攤平，放入三色彩椒絲、九層塔絲、起司絲、洋蔥絲，再撒上鹽和胡椒粉捲成圓形，大火煎至呈金黃色。

3 將煎好的雞肉捲撒上起司絲，放入預熱180℃的烤箱中烤6分鐘，至呈金黃色且熟時取出。

4 將彩椒雞肉捲切成2段，排入盤中，撒上巴西里即成。

焗蜜桃雞肉塔
Peach & Chicken Tart

〈材料〉→馬鈴薯1顆、雞肉50g.、罐頭水蜜桃1罐、牛蕃茄1顆、起司片5片、麵粉少許、香菜葉少許

〈調味〉→鹽少許、胡椒粉少許、沙拉油少許

〈做法〉

1 將材料洗淨，雞肉切片後煎熟；牛蕃茄、水蜜桃切片；馬鈴薯去皮切絲，備用。

2 將馬鈴薯絲與麵粉、鹽、胡椒粉一起拌勻，分成數份後分別整形成圓片狀，再煎至脆且熟，備用。

3 烤盤抹上沙拉油，依序疊入煎好的馬鈴薯片、雞肉片、牛蕃茄片、起司片，並再重複疊放一次，放入預熱180℃的烤箱中，烤至起司軟化時取出。

4 盛入盤中，放上香菜葉裝飾即成。

廚房小筆記：

馬鈴薯的澱粉含量高，再加熱之後會有糊化的反應，所以可以定形為圓餅狀而不會輕易破碎，但須注意煎的時候要稍微壓一下，可以讓馬鈴薯絲互相沾黏的更牢固，切的時候粗細最好能一致，煎出來的熟度才會一致。

香焗鮮鮭
Gratined Salmon

〈材料〉→帶皮鮭魚肉2片、羅蔓生菜2支、檸檬1顆、起司絲少許

〈調味〉→白酒少許、鹽少許、胡椒粉少許

〈做法〉

1 將材料洗淨，羅蔓生菜切絲，檸檬切成船形，備用。

2 將鮭魚均勻抹上鹽和胡椒粉，大火煎至表面呈金黃色，盛入烤盤中，撒上起司絲，放入預熱200℃的烤箱中烤4分鐘，烤至起司呈金黃色且熟時取出。

3 將烤好的鮭魚排入盤中，擠上檸檬汁，再放上羅蔓生菜即成。

廚房小筆記：
鮭魚要選擇顏色紅潤的肉質彈性較高，烤之前先煎過是為了將魚肉的鮮味與水分封住，水分在烤的時候就不容易流失，因此煎的時候火應該大些，讓表面快速變成金黃色，而裡面卻不要熟，烤之後才能維持嫩度。

法式焗田螺
Gratined Snaper

〈材料〉→罐頭田螺6個、洋蔥碎10g.、蛋黃1顆、蒜泥少許、起司粉少許、起司絲少許、巴西里少許

〈調味〉→奶油30g. 、紅酒醬汁適量

〈做法〉

1 田螺洗淨，瀝乾水分後，以大火煎至表面呈金黃色且略具焦香味，盛出，再以紅酒醬汁煮30分鐘，備用。

2 將田螺與奶油、洋蔥碎、蒜泥、起司粉一起拌勻，放入田螺烤盤中。

3 將起司絲與蛋黃一起拌勻，再撒在田螺上，放入預熱200℃的烤箱中烤8分鐘，烤至起司呈金黃色且有香味時取出，撒上巴西里即成。

廚房小筆記：
田螺具有土味，所以處理時必須先以大火煎過，之後再以紅酒醬汁熬煮，才能入味且使肉質較為軟嫩，若是選擇新鮮的田螺，則熬煮的時間需要60～90分鐘，而罐頭田螺已經過加工煮熟，只要熬煮30分鐘即可。

紅酒醬汁簡易做法

材料

洋蔥碎20克、紅蔥頭碎10克、香葉1片、百里香少許、康寶黃汁粉20克、紅酒20c.c.、水100c.c.

做法

先從100c.c.水中取出適量將康寶黃汁粉調勻。熱鍋，加入洋蔥碎、紅蔥頭碎炒出香味，再加入香葉、百里香及紅酒，以大火煮至醬汁剩下1/3時加入調好的康寶黃汁粉與剩下的水，續煮至濃稠後濾出醬汁即成（成品約100c.c.）。

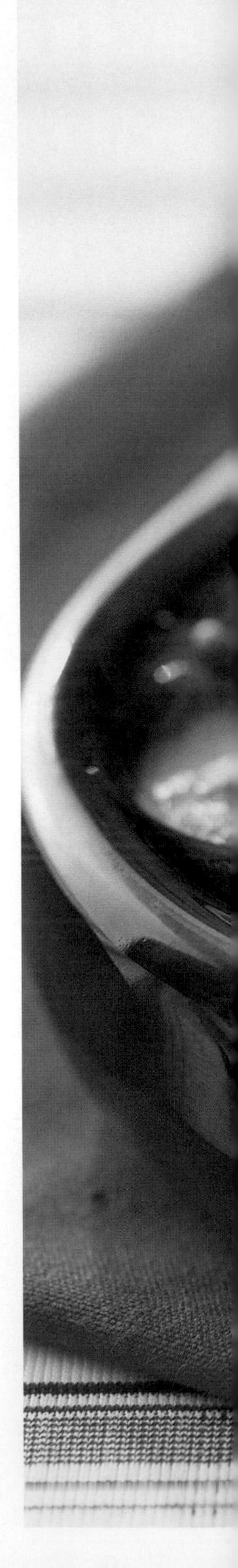

焗扇貝
Gartined Scallop

〈材料〉→扇貝3個、蛋黃1顆、巴西里少許

〈調味〉→美乃滋50g.、鹽少許、胡椒粉少許、白酒少許

〈做法〉

1. 將材料洗淨，扇貝抹上鹽、胡椒粉及白酒，備用。
2. 將美乃滋與蛋黃一起拌勻，淋在扇貝上，放入預熱220℃的烤箱中，烤至呈金黃色時取出，撒上巴西里即成。

焗孔雀貝

Gartined Mussel

〈材料〉→孔雀貝3個、洋蔥碎10g.、牛蕃茄10g.、蒜泥3g.、起司絲50g.、九層塔絲少許

〈調味〉→奶油15g.、鹽少許、胡椒粉少許、白酒少許

〈做法〉

1 將材料洗淨，牛蕃茄去皮及籽後切丁，備用。

2 將孔雀貝抹上鹽、胡椒粉，再撒上洋蔥碎、蒜泥、奶油、起司絲、九層塔絲、牛蕃茄，淋上白酒，放入預熱200℃的烤箱中烤5分鐘後取出，排入盤中，撒上巴西里及九層塔絲即成。

起司焗烤山藥塔
Yem Tart

〈材料〉→日本進口山藥1支、牛蕃茄1粒、起司片3片、薄荷葉2支、巴西里少許、九層塔少許

〈調味〉→鹽少許、胡椒粉少許

〈做法〉

1 將材料洗淨，牛蕃茄切片，山藥去皮切片。
2 將烤盤抹上少許奶油，依序疊入山藥片、起司片、牛蕃茄片，並再重複疊放一次，最後撒點鹽和胡椒粉調味。
3 將做法2放入預熱220℃的烤箱中，烤至起司呈金黃色時取出，再以薄荷葉、巴西里及九層塔裝飾即成。

甜椒橄欖披薩

Pizza of Pepper & Black Olive with Tomato Sauce

〈材料〉→現成披薩皮1塊、三色彩椒100g.、黑橄欖5顆、奧勒岡少許、九層塔少許、起司粉少許

〈調味〉→罐頭蕃茄醬汁少許、鹽少許、胡椒粉少許

〈做法〉

1 將材料洗淨，三色彩椒去蒂及籽後切絲，九層塔切絲，黑橄欖切片，備用。

2 將烤盤抹少許油，放上現成披薩皮，薄薄抹上一層蕃茄醬汁，依序均勻撒上鹽、胡椒粉、奧勒岡、九層塔絲、三色椒絲、黑橄欖片及起司絲。

3 將做法2放入預熱300℃的烤箱中烤6分鐘，烤至起司呈金黃色時取出，撒上起司粉即成。

香焗培根義大利餃

Dumpring of Bacon with Tomato Sauce

〈材料〉→水餃皮8張、雞絞肉100g.、牛蕃茄1顆、培根片2片、洋蔥碎10g.、蒜泥5g.、起司絲100g.、九層塔絲少許、百里香少許、新鮮奧勒岡1支、巴西里少許

〈調味〉→罐頭蕃茄醬汁100g.、鹽少許、胡椒粉少許、沙拉油少許

〈做法〉

1 將材料洗淨，牛蕃茄去皮及籽後切丁，培根切碎，備用。

2 將雞絞肉、洋蔥碎、蒜泥、百里香、起司絲、牛蕃茄丁、九層塔絲、奧勒岡一起拌勻，以鹽和胡椒粉調味，再加入沙拉油攪拌至具有筋性，備用。

3 每張水餃皮分別包入適量的雞絞肉餡料，先包成半圓狀，再將半圓之兩角黏合，成義大利餃子形狀，以滾水燙煮至7～8分熟，撈出瀝乾水分，備用。

4 熱鍋倒入適量油燒熱，加入洋蔥碎和培根碎略炒，再倒入蕃茄醬汁，煮勻後加入義大利餃，以鹽和胡椒粉調味，續煮至稍濃稠。

5 將做法4盛入焗碗中，鋪上起司絲，放入預熱220℃的烤箱中烤5分鐘，烤至起司呈金黃色時取出，撒上巴西里即成。

廚房小筆記：

義大利餃義大利餃的簡易做法就是選擇現成的水餃皮，但口感會比義大利麵皮稍軟，選擇水餃皮時可以稍微拉拉看，若是延展性高則代表筋度夠，口感才會比較Q。雞絞肉最好稍微帶點皮，油脂的含量高一些，可以使餡料更為香嫩。

焗野菇燉飯

Rice of Mushroom with Creamy Sauce

〈材料〉→綜合香菇100g.、白飯100g.、牛蕃茄1顆、洋蔥碎1顆、蒜片1粒、起司絲少許、巴西里少許、起司粉少許

〈調味〉→鮮奶油100c.c.、雞高湯50c.c.、鹽少許、胡椒粉少許

〈做法〉

1 將材料洗淨，牛蕃茄去皮去籽後切片，綜合香菇切片，備用。

2 熱鍋倒入適量油燒熱，加入洋蔥碎及蒜片炒香，再加入綜合香菇及牛蕃茄略炒，再依序倒入鮮奶油、雞高湯略拌，加入白飯續煮至稍濃稠狀，以鹽和胡椒粉調味。

3 將做法2盛入焗碗中，鋪上起司絲，放入220℃的烤箱中，烤至起司呈金黃色時取出，撒上巴西里和起司粉即成。

焗蝦仁筆管麵
Penne of Shrimps with Creamy Sauce

〈材料〉→筆管麵60g.、蝦仁6隻、青椒少許、洋蔥絲20g.、蒜泥5g.、百里香少許、香葉1片、巴西里少許、起司絲少許

〈調味〉→白酒少許、鮮奶油150c.c.、雞高湯50c.c.、鹽少許、胡椒粉少許

〈做法〉

1 將材料洗淨；筆管麵以滾水燙煮9分鐘，瀝乾後放入焗碗中放冷；青椒切絲，備用。

2 熱鍋倒入適量油燒熱，加入洋蔥碎、蒜泥略炒，再加入蝦仁炒香，淋入白酒續煮至收乾，再加入百里香、鮮奶油、香葉及青椒稍微拌炒，以鹽和胡椒粉調味，煮至醬汁呈濃稠狀時盛入焗碗中。

3 將起司絲鋪於焗碗上，放入預熱220℃的烤箱中，烤至起司呈金黃色時取出，撒上巴西里和起司粉即成。

焗烤馬鈴薯蛋糕
Potato Cake

〈材料〉→馬鈴薯2顆、起司絲100g.、蛋2顆、起司粉少許、巴西里少許

〈調味〉→鮮奶油100c.c.、鹽少許、胡椒粉少許、荳蔻粉少許

〈做法〉

1 將材料洗淨，馬鈴薯去皮切片，備用。

2 將鮮奶油與蛋、荳蔻粉、起司粉、鹽和胡椒粉一起拌匀，備用。

3 烤盤抹上少許油，倒入拌好的鮮奶油蛋液，再平均鋪上馬鈴薯片，撒上起司絲，放入預熱180℃的烤箱中烤20分鐘，烤至呈金黃色且熟時取出。

4 將烤好的馬鈴薯蛋糕切成方形，排入盤中，撒上巴西里即成。

廚房小筆記：

馬鈴薯的品種有本地和進口兩種，本地的馬鈴薯形狀大小不一，肉顏色較黃，而味道較甜；進口的馬鈴薯大小較一致且形狀圓潤，肉顏色較白，而味道較香，兩者都適合焗烤，肉質結實所以不容易熟透，所以多以切片或作成泥的方式處理。

焗烤味噌小蛋糕

Miso Cake

〈材料〉→低筋麵粉100g.、牛奶100c.c.、味噌40g.、蛋黃2顆、蛋白2顆、起司絲少許、香菜葉少許

〈調味〉→奶油20g.、砂糖60g.

〈做法〉

1 將蛋黃、牛奶及砂糖拌勻，加熱並篩入麵粉，拌炒均勻後熄火，趁熱加入味噌及奶油拌勻，備用。

2 蛋白打至硬性發泡後，加入一半的做法1拌勻，再倒回剩餘的做法1中一起攪勻。

3 將攪好的麵糊倒入塔模中，鋪上起司絲，放入預熱170℃的烤箱中烤8分鐘，烤至蛋糕呈金黃色且熟透時取出，置於盤中趁熱以香菜葉裝飾即成。

廚房小筆記：

味噌製作味噌小蛋糕所用的味噌以信州味噌最為適合，味道芳香濃郁卻不會死鹹而破壞蛋糕的風味。加入味噌時必須先熄火，才不會使香氣過分散失，能保留住較多的好味道。蛋白打發時要注意打至沾附在打蛋器上時呈固體狀不會流動，且碰觸時感覺有阻力即可，而混合所有材料時最好能使用橡皮刮刀以切的方式拌合，才不會讓好不容易打進蛋白糊裡的空氣跑掉。

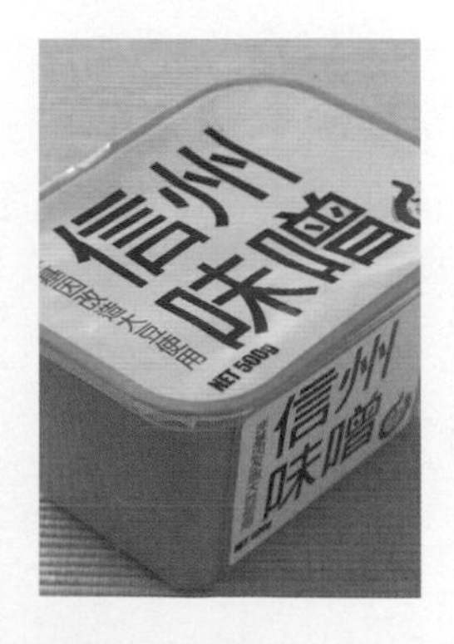

懶人焗烤之

最好吃焗烤篇

焗烤料理最美味了，焗烤除了可以
做麵、飯、小菜，也可以做甜點喔！
加上厚厚的一層起司，
招待朋友或自己吃，
都是不可言喻的美味料理。

焗蔬菜塔
Gratined Vegetable Tart

〈材料〉→紅蘿蔔片100g.、牛蕃茄1顆、茄子片100g.、小黃瓜片100g.、起司片5片、洋蔥碎少許、九層塔少許、奧勒岡少許、蒔蘿1支

〈調味〉→罐頭蕃茄醬汁150c.c.、鹽少許、胡椒少許、白酒少許、橄欖油少許

〈做法〉

1 將材料洗淨，紅蘿蔔片、小黃瓜片、茄子片以橄欖油、鹽、胡椒粉和奧勒岡醃10分鐘，再以碳烤爐烤至熟，備用。

2 將碳烤蔬菜片和牛番茄切片，一片蔬菜一片起司依序疊在烤盤上，放入預熱200℃的烤箱中烤至軟後取出，備用。

3 熱鍋倒入適量油燒熱，放入洋蔥碎略炒，再加入白酒續煮至醬汁濃縮略乾，接著加入蕃茄醬汁及九層塔煮勻，並以少許鹽和胡椒調味。

4 將烤好的起司蔬菜塔放入盤中，淋上蕃茄醬汁，再以蒔蘿（Dill）裝飾即成。

廚房小筆記：

碳烤爐 如果家裡沒有碳烤爐，可千萬不要直接放到烤箱裡烘烤，雖然都是烤，但這樣做出來味道與效果都會差很多，應該將切片的蔬菜先以少許的油、鹽、胡椒粉、奧勒岡醃10～15分鐘，再裹上適量的麵粉以大火煎至表面呈金黃色，以這樣的做法來取代碳烤味道才會好。

香焗菇百匯
Gratined Mushroom

〈材料〉→野菇150g.、洋蔥碎20g.、蒜泥少許、起司絲少許、巴西里少許、起司粉少許

〈調味〉→鮮奶油50c.c.、鹽少許、胡椒粉少許

〈做法〉

1 將材料洗淨，備用。

2 熱鍋倒入適量油燒熱，加入洋蔥碎及蒜泥大火炒香，再加入野菇、鮮奶油煮至稍濃稠，以鹽和胡椒粉調味。

3 將做法2倒入塔模中，撒上起司絲，放入預熱200℃的烤箱中烤5分鐘，烤至起司呈金黃色時取出，撒上巴西里、起司粉即成。

廚房小筆記：

野菇 野菇可任意選擇喜歡的菇類，但以肉厚且大片的種類最為適合，焗烤之後仍可維持柔嫩多汁的口感，例如香菇、蘑菇、牛菌菇、鮑魚菇等，可以混合數種菇類，增加材料的豐富性，使用單一種菇類也可以，但口味上會單調許多。

碳烤茄子
佐蕃茄沙司
Grilled Egg Plant with Tomato Sauce

〈材料〉→茄子2條、洋蔥碎30g.、起司絲少許、起司粉少許、巴西里少許、九層塔少許

〈調味〉→罐頭蕃茄醬汁100c.c.、鹽少許、胡椒粉少許

1 將茄子洗淨去蒂後切片，以碳烤爐烤至熟，備用。

2 熱鍋倒入適量油燒熱，放入洋蔥碎炒至香，加入蕃茄醬汁煮至稍濃稠狀，以鹽和胡椒粉調味，備用。

3 先將做法2的蕃茄醬汁取2/3的量盛入烤碗中，再鋪上烤好的茄子片，接著淋上剩餘的蕃茄醬汁，撒上起司絲，放入預熱180℃的烤箱中烤8分鐘，烤至起司呈金黃色時取出，撒上巴西里與起司粉再稍裝飾即成。

廚房小筆記：

茄子 這道碳烤茄子也可以與p73蔬菜塔相同利用醃與大火煎至金黃色的方式取代碳烤的過程，但要注意的是，煎茄子的油要比煎其他蔬菜多放一些，才能維持茄子深紫色的鮮豔色澤不會變黑。

PS：碳烤爐也要先預熱喔！

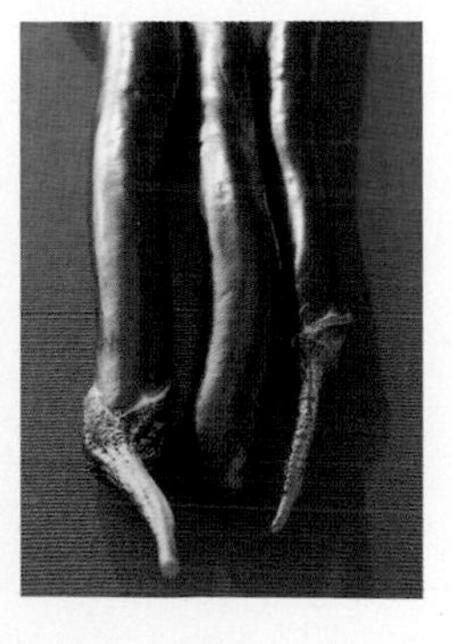

香焗奶培薯餃

Potato Dumpring of Bacon with Creamy Sauce

〈材料〉→馬鈴薯1顆、麵粉20g.、培根片2片、洋蔥碎10g.、起司絲100g.、九層塔絲少許、百里香少許、荳蔻粉少許

〈調味〉→鮮奶油100c.c.、鹽少許、胡椒粉少許、沙拉油少許

〈做法〉

1 將馬鈴薯洗淨，去皮切丁，放入滾水中煮12分鐘，撈出瀝乾水分後以湯匙壓成泥，再與麵粉、荳蔻粉、鹽、胡椒粉一起混合均勻揉成麵糰，接著搓成粗細適中的長圓條，再切成大小適合入口的小圓塊，以滾水汆燙至熟即成薯餃，備用。

2 熱鍋倒入適量油燒熱，放入洋蔥碎和培根略炒，倒入鮮奶油煮勻，再將薯餃加入略拌，以鹽和胡椒粉調味，續煮至稍濃稠。

3 將做法2盛入焗碗中，撒上起司絲，放入預熱220℃的烤箱中烤約5分鐘，烤至起司呈金黃色時取出，撒上巴西里再稍裝飾即成。

焗烤綜合海鮮
Mixed Seafood

〈材料〉→草蝦2隻、蛤蜊5粒、花枝片50g.、魚片50g.、洋蔥丁1粒、蒜泥少許、起司絲少許、巴西里少許、百里香少許、香葉1片

〈調味〉→鮮奶油100c.c.、鹽少許、胡椒粉少許、白酒少許

〈做法〉

1 將材料洗淨，備用。
2 熱鍋倒入適量油燒熱，放入洋蔥丁、蒜泥略炒，再加入海鮮材料，炒出香味後加入白酒、百里香、香葉和鮮奶油，續煮至稍濃稠，以鹽和胡椒粉調味。
3 將做法2盛入焗碗中，撒上起司絲，放入預熱200℃的烤箱中，烤至起司呈金黃色取出，撒上巴西里即成。

起司天使蝦
Cheese Angel Shrimps

〈材料〉→天使細麵20g.、草蝦1隻、起司片1片、九層塔少許

〈調味〉→罐頭蕃茄醬汁少許、鹽少許、胡椒粉少許

〈做法〉

1 先將天使細麵以滾水燙煮1～2分鐘，撈出泡入冷水中，冷卻後撈出瀝乾，備用。

2 草蝦洗淨，去殼留下頭尾，撒上鹽和胡椒粉，備用。

3 天使細麵攤平整形為長方形，放入草蝦捲起，放入盤中後鋪上起司片，放入預熱180℃的烤箱中烤4分鐘至熟，取出淋上蕃茄醬汁，以九層塔裝飾即成。

廚房小筆記：

天使細麵 天使細麵是最細的義大利麵，燙煮所需的時間也最短，切記不要燙煮過久，否則再經過焗烤之後就會變得太過於軟爛，喪失義大利麵特有的彈性口感。捲麵的時候先將麵鋪平再稍微拉直即可將麵條整個整形為長方形，將草蝦放在一頭稍裡處，將麵條折起蓋在蝦身上，再順勢將麵條全部捲起即可。

西京鮮鯛

Gratined Sheepshead

〈材料〉→鯛魚1隻、洋蔥碎10g.、起司絲少許、巴西里少許、蔥珠1支、牛蕃茄丁1顆

〈調味〉→味噌50g.、白酒50c.c.

〈做法〉

1 鯛魚洗淨對半切開，以白酒與味噌抹勻並醃至少3小時，備用。

2 熱鍋倒入適量油燒熱，放入醃好的魚切片，備用。

3 烤盤倒入適量白酒，放上切好的魚，撒上起司絲，放入預熱180℃的烤箱中蒸烤8分鐘，取出盛入盤中，撒上蔥珠及牛蕃茄丁即成。

廚房小筆記：

西京　西京是源自於以味噌醃漬後再加以燒烤的「西京燒」，將此做法應用在焗烤上別有一番日式風味。海鮮類在焗烤時，為了維持海鮮的嫩度，通常會在烤盤底加少許酒，如此焗烤時酒會散發出酒香，同時補充水分，稱之為「蒸烤」。

香焗龍蝦
Gratined Lobster

〈材料〉→龍蝦1隻、洋蔥碎10g.、起司絲少許、中筋麵粉少許、巴西里少許

〈調味〉→魚高湯50c.c.、鹽少許、胡椒粉少許、白酒少許

〈做法〉

1 將材料洗淨，龍蝦對半切開，淋上白酒，再撒上鹽和胡椒粉，表面沾上中筋麵粉，煎至表面呈金黃色，備用。

2 將魚高湯倒入烤盤中，再放入煎好的龍蝦，撒上起司絲，放入預熱180℃的烤箱中蒸烤15分鐘後取出。

3 將烤好的龍蝦盛入平盤中，撒上巴西里即成。

廚房小筆記：

龍蝦 龍蝦在一般人的印象中屬於高價位的海鮮，但其實如果選擇體型小一點的龍蝦，價格並沒有想像中昂貴，而且味道與大型的差異也不會太大，只是肉少一些，吃起來沒那麼過癮罷了。夏秋盛產的時候，量販超市或百貨公司超市都可以買到，烹調時記得一定要先煎過，才能將龍蝦的原汁原味封住，不會流失好味道，同時蝦頭與蝦殼也可物盡其用作為熬煮海鮮高湯的好材料。

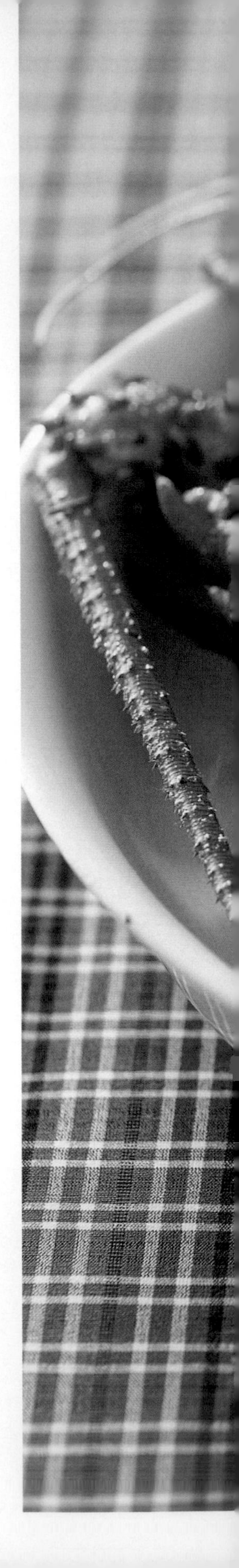

茄汁鱸魚起司卷
Seabass Roll with Tomato Sauce

〈材料〉→鱸魚肉2片、洋蔥碎20g.、蒜泥5g.、起司片1片、起司絲100g.、小豆苗少許、巴西里少許

〈調味〉→罐頭蕃茄醬汁100c.c.、鹽少許、胡椒粉少許

〈做法〉

1 將材料洗淨，洋蔥碎、蒜泥、蕃茄醬汁放入焗碗中，加入少許鹽和胡椒粉拌勻，備用。

2 鱸魚肉攤平，放入起司片捲起來，再放入做法1的焗碗中，魚肉捲上後撒少許鹽和胡椒粉，再撒上起司絲，放入預熱180℃的烤箱中烤6分鐘，烤至起司呈金黃色且熟時取出，撒上巴西里和小豆苗裝飾即成。

焗烤茄汁雞腿
Chicken Leg with Tomato Sauce

〈材料〉→去骨雞腿1隻、小豆苗少許、洋蔥碎15g.、起司絲少許、巴西里少許、九層塔葉4片

〈調味〉→罐頭蕃茄醬汁80c.c.、鹽少許、胡椒粉少許

〈做法〉

1 將材料洗淨，雞腿鋪平撒上鹽和胡椒粉，備用。

2 熱鍋倒入適量油燒熱，放入雞腿以大火煎至表面呈金黃色，盛入烤盤中，撒上起司絲，放入預熱180℃的烤箱中烤12分鐘至熟取出。

3 另熱一鍋倒入適量油燒熱，放入洋蔥略炒，加入蕃茄醬汁煮勻，以鹽和胡椒粉調味後，放入九層塔葉稍拌煮一下，隨即撈掉九層塔葉，盛入平盤中，放上小豆苗及起司雞腿，撒上巴西里即成。

香焗甜椒雞胸

Pepper Chicken Breast

〈材料〉→去骨去皮雞胸1副、三色彩椒少許、起司絲100g.、巴西里少許、新鮮奧勒岡1支

〈調味〉→鹽少許、胡椒粉少許、白酒少許

〈做法〉

1 將材料洗淨，雞胸撒上鹽和胡椒粉略醃；三色彩椒去蒂及籽後切碎，備用。
2 熱鍋倒入適量油燒熱，放入雞胸煎至呈金黃色後盛入烤盤中，撒上起司絲及三色椒碎，放入預熱180℃的烤箱中烤7分鐘，烤至起司呈金黃色且熟取出。
3 將烤好的彩椒雞肉分切為3塊，置於平盤中，撒上巴西里，再以奧勒岡裝飾即成。

焗山藥鮮蝦塔
Yam of Shrimps Tart

〈材料〉→日本進口山藥1支、鮮蝦仁5隻、草蝦1隻、起司片3片、九層塔少許、巴西里少許

〈調味〉→鹽少許、胡椒粉少許

〈做法〉

1 將材料洗淨，鮮蝦仁切片，山藥去皮切片，備用。

2 烤盤抹上少許奶油，依序放入山藥片、起司片、蝦仁片、九層塔，再重複疊放二次，最後撒上鹽和胡椒粉，烤盤另一端放上草蝦，一同放入預熱200℃的烤箱中烤至起司呈金黃色時取出。

3 將山藥塔盛入盤中，以九層塔葉和草蝦裝飾，再撒上巴西里即成。

美式香焗鳳翅

Gratin Chicken Wing

〈材料〉→雞翅3隻、綜合生菜100g.、蒜泥少許、起司絲少許、九層塔少許

〈調味〉→罐頭蕃茄醬50c.c.、黑胡椒粉少許、醬油12c.c.、砂糖20g.

〈做法〉

1 將材料洗淨，蒜泥與調味料一起調勻成醬汁，備用。
2 熱鍋倒入適量油燒熱，放入雞翅煎至表面呈金黃色，備用。
3 將煎好的雞翅排入烤盤中，抹上一層醬汁，撒上起司絲，放入預熱180℃的烤箱中烤8分鐘，烤至熟且起司呈金黃色時取出，盛入小碟子中，以九層塔裝飾即成。

廚房小筆記：

BBQ醬 做法1中做成的醬汁就是簡易的BBQ醬，材料中所含有醬油與砂糖，可以將材料烤出更加金黃酥脆的口感，除了烤雞翅之外，也適用於烤雞肉、豬肉，尤其是雞腿與豬肋排。裝飾九層塔要趁熱放上去，食物的熱氣可使九層塔散發出更濃郁的香氣。

起司青醬羊排
Roast Pasto & Cheese Lamb Chopped

〈材料〉→法式子羊排3片、綜合生菜100g.、起司絲80g.

〈調味〉→市售青醬30c.c.、黑胡椒粉少許、鹽少許、胡椒粉少許

〈做法〉

1 將材料洗淨，子羊排撒上黑胡椒粉、鹽和胡椒粉，備用。
2 綜合生菜略泡冰開水，瀝乾水分後排入平盤中，備用。
3 熱鍋倒入適量油燒熱，放入子羊排大火煎至表面呈金黃色，盛入烤盤中，再鋪上青醬及起司絲，放入預熱180℃的烤箱中烤5分鐘（約7分熟）取出，排入做法**2**盤中即成。

廚房小筆記：

子羊排　子羊排是羊排中肉質最細嫩的一種，整條的子羊排一共可分切為7支，辨別的特徵最明顯的即為骨頭最細長完整，沒有突出的骨節。其他羊排也可取代子羊排來製作本道菜，不過味道就略遜一籌了。

焗酥皮玉米濃湯
Puff Pastry on Cream of Corn Soup

〈材料〉→酥皮1張、馬鈴薯1顆、玉米粒100g.、三色豆20g.、洋蔥碎10g.、蛋黃1顆、黑芝麻少許

〈調味〉→鮮奶油150c.c.、雞高湯75c.c.、鹽少許、胡椒粉少許

〈做法〉

1 將材料洗淨，馬鈴薯去皮切丁，備用。

2 熱鍋倒入適量油燒熱，放入洋蔥碎炒至香，再加入玉米粒、三色豆、馬鈴薯丁略炒，接著加入鮮奶油、雞高湯熬煮25分鐘，以鹽和胡椒粉調味。

3 將煮好的濃湯盛入酥皮焗碗中，覆蓋一片酥皮，抹上蛋黃並撒上黑芝麻，放入預熱200℃的烤箱中烤8分鐘，烤至酥皮膨起且呈金黃色時取出即成。

廚房小筆記：

酥皮 酥皮在焗烤後沒有膨脹成漂亮的圓形，可能的原因有1.湯不夠熱；2.烤箱溫度不到200℃；3.酥皮已經完全退冰；4.抹上太厚的蛋液；5.酥皮與焗碗沒有貼合。要烤出好喝又漂亮的酥皮濃湯，就要避免犯以上的錯誤。

巧達海鮮湯

Chowder Cream of Seafood Soup

〈材料〉→草蝦2隻、蛤蜊5粒、花枝片50g、魚片50g、馬鈴薯1顆、紅蘿蔔20g.、西洋芹20g.、洋蔥碎10g.、百里香少許 、巴西里碎少許

〈調味〉→鮮奶油150c.c.、雞高湯75c.c.、鹽少許、胡椒粉少許

〈做法〉

1 將材料洗淨，馬鈴薯、紅蘿蔔去皮切丁，西洋芹切丁，備用。

2 熱鍋倒入適量油燒熱，放入洋蔥碎炒至香，再加入紅蘿蔔丁、西洋芹丁、馬鈴薯丁和海鮮材料略炒，接著加入鮮奶油、雞高湯熬煮25分鐘，以鹽和胡椒粉調味。

3 將煮好的濃湯盛入焗碗中，撒上起司絲，放入預熱200℃的烤箱中烤8分鐘，烤至起司呈金黃色時取出，撒上巴西里碎即成。

巧達 廚房小筆記：「巧達」指的是含有紅蘿蔔丁、洋蔥丁、西洋芹丁與馬鈴薯丁的白湯，且通常會以雞高湯為底，除了可以搭配海鮮之外，也可搭配雞肉、培根等材料，變化不同的口味。

焗烤法式洋蔥湯
French Onion Soup

〈材料〉→法國麵包1片、洋蔥1顆、百里香少許、香葉1片、起司絲少許、匈牙利紅甜椒粉少許、起司粉少許、巴西里少許

〈調味〉→雞高湯300c.c.、鹽少許、胡椒粉少許

〈做法〉

1 將材料洗淨，洋蔥去皮切細絲，備用。

2 熱鍋倒入適量油燒熱，放入洋蔥絲以小火炒至呈深褐色，再加入百里香、香葉和雞高湯熬煮25分鐘，以鹽和胡椒粉調味。

3 將煮好的濃湯盛入焗碗中，放上法國麵包並撒上起司絲，放入預熱250℃的烤箱中烤6分鐘，烤至起司呈金黃色時取出，撒上匈牙利紅甜椒粉、巴西里即成。

廚房小筆記：

田園風味 起司絲必須將法國麵包完全蓋住，焗烤的時候麵包才不會烤焦。洋蔥要炒到呈深褐色需要較長的時間，也可以選擇現成的洋蔥絲乾品，泡水發漲之後，放入炒融至呈深褐色的糖中稍微拌炒幾下，再加入其他材料熬煮就可以了。

焗烤地瓜派
Gratined Sweet Potato Pie

〈材料〉→麵粉1380g.、地瓜2條、起司絲120g. 、薄荷葉少許

〈調味〉→**A** 奶油800g.、糖100g.、鮮奶油250c.c.

B 糖35g.、鹽少許、胡椒粉少許、鮮奶油20c.c.

〈做法〉

1 將麵粉與調味料**A**混合拌勻，倒入派盤中，放入預熱180℃的烤箱中，烤25分鐘後取出即成派皮，備用。

2 地瓜洗淨，去皮切丁後放入滾水中煮18分鐘，撈出瀝乾後壓成泥，加入調味料**B**攪拌均勻，備用。

3 將做好的地瓜餡填入烤好的派皮中，均勻撒上起司絲，放入預熱260℃的烤箱中，烤至起司呈金黃色時取出，放上薄荷葉即成。

廚房小筆記：

地瓜 常見的地瓜有黃肉與紅肉2種，黃色的地瓜香味比較濃，在經過焗烤之後會比紅肉的地瓜更具有彈性，而紅肉的地瓜含水分較高，焗烤之後口感較濕黏，比較適合做為地瓜泥。地瓜派的調味料中奶油與鮮奶油的份量可以自由調整，只要2種份量總合維持320即可，奶油比例高口感較爽脆，而鮮奶油比例高口感比較硬實。

焗蜜酥皮
Sweet Puff Pastry

〈材料〉→起酥片1片、起司絲25g.、薄荷葉1支

〈調味〉→糖粉少許

〈做法〉

1 將起酥片分切成4小片，放入烤盤中，放入預熱200℃的烤箱中烤3分鐘，取出撒上起司絲再續烤約5分鐘，烤至起司呈金黃色取出。
2 將烤好的起司酥皮排入平盤中，撒上糖粉，再以薄荷葉裝飾即成。

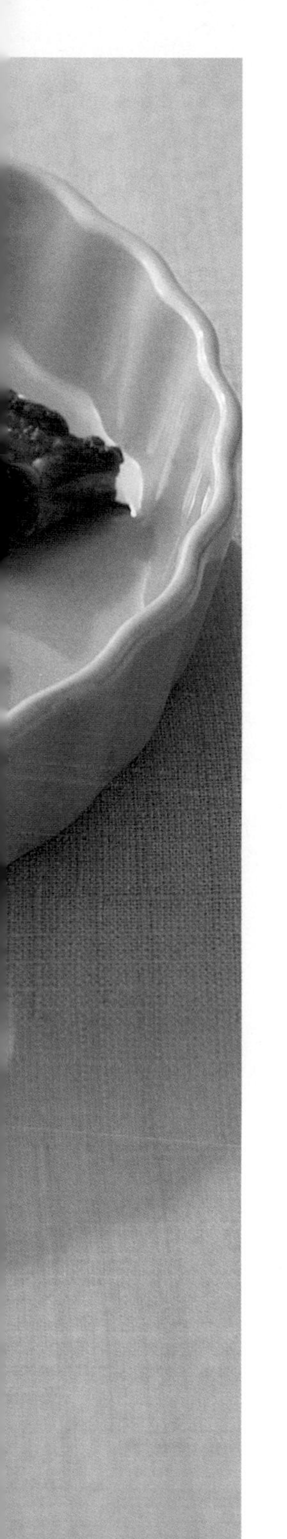

焦糖燒焗蘋果
Brown Sugar Apple

〈材料〉→蘋果1顆、起司絲少許、薄荷葉1支

〈調味〉→糖60g.

〈做法〉

1 將材料洗淨，蘋果去核，備用。
2 糖放入鍋中煮至濃稠焦糖狀，再放入蘋果續煮5分鐘，備用。
3 將蘋果取出放入烤盤中，撒上起司絲，放入預熱180℃的烤箱中，烤8分鐘後取出，放入平盤中，淋上剩餘的焦糖蘋果醬汁，再以薄荷葉裝飾即成。

國家圖書館出版品預行編目資料

懶人焗烤-好做又好吃的異國烤箱料理
Ellson 王申長著 .--初版.
--台北市：朱雀文化，2010〔民99〕
面； 公分. --（QUICK；11）
ISBN 978-957-98148-0-5（平裝）
1.食譜-義大利 2.食譜-麵食
427.12

QUICK 011

懶人焗烤

好做又好吃的異國烤箱料理

作　者	Ellson 王申長
攝　影	廖家威
美術編輯	鄭雅惠
封面設計	潘純靈
編　輯	洪嘉妤
企畫統籌	李 橘
發 行 人	莫少閒
出 版 者	朱雀文化事業有限公司
地　址	北市基隆路二段13-1號3樓
電　話	02-2345-3868
傳　真	02-2345-3828
劃撥帳號	19234566 朱雀文化事業有限公司
e-mail	redbook@ms26.hinet.net
網　址	redbook.com.tw
總 經 銷	成陽出版股份有限公司
ISBN	978-957-98148-0-5
初版11刷	2011.05
定　價	199元

出版登記北市業字第1403號